図説 知っておきたい！ スポット50

樹木

カミラ・ド・ラ・ベドワイエール 著

訳出協力：Babel Corporation

六耀社

ACKNOWLEDGEMENTS

The publishers would like to thank the artist Vivien Wilson who has contributed to this book.

The publishers would like to thank the following sources for the use of their photographs:
Colin Varndell 7(l), 10(l), 15(l), 16(l), 17(l), 19(r), 34(m), 37(m), 41(b), 43(m), 45(r), 50(m), 52(r)
FLPA 34(r) Roger Wilmshurst Shutterstock 39(t) Richard Griffin, 42(bl) joanna wnuk, 45(l) Kletr, 47(t) dabjola Still Pictures 27(r) D.Harms/WILDLIFE.

All other images are from the Miles Kelly Archives and WTPL.

SPOT 50

Trees

by Camilla de la Bedoyere

©Miles Kelly Publishing Ltd 2010

Japanese translation rights arranged with

Miles Kelly Publishing Ltd., Thaxted, Essex, England

through Tuttle-Mori Agency, Inc., Tokyo

もくじ

木と季節 4
木のつくり 5

🔴 だ円形の葉
- ○ セイヨウヤマハンノキ 6
- ○ ヨーロッパヤマナラシ 7
- ○ ヨーロッパブナ 8
- ○ クロヤマナラシ 9
- ○ スピノサスモモ 10
- ○ ヨーロッパツゲ 11
- ○ セイヨウクロウメモドキ 12
- ○ セイヨウボダイジュ 13
- ○ クラブアップル 14
- ○ セイヨウミズキ 15
- ○ ヨーロッパニレ 16
- ○ バッコヤナギ 17
- ○ セイヨウハシバミ 18
- ○ セイヨウシデ 19
- ○ クロミグワ 20
- ○ セイヨウナシ 21
- ○ セイヨウスモモ 22
- ○ シダレカンバ 23
- ○ ランタナガマズミ 24
- ○ ホワイトビーム 25
- ○ セイヨウミザクラ 26
- ○ ヨウシュイボタノキ 27
- ○ セイヨウハルニレ 28

🟣 細長い葉
- ○ セイヨウヒイラギ 29
- ○ タイサンボク 30
- ○ ヨーロッパナラ 31
- ○ スナジグミ 32
- ○ フユナラ 33
- ○ セイヨウマユミ 34
- ○ ヨーロッパグリ 35
- ○ ヨーロッパシロヤナギ 36

🔵 手のひらの形をした葉
- ○ コブカエデ 37
- ○ セイヨウカンボク 38
- ○ イケガキセイヨウサンザシ 39
- ○ セイヨウトチノキ 40
- ○ モミジバスズカケノキ 41
- ○ セイヨウカジカエデ 42
- ○ カエデバアズキナシ 43

🔴 複葉
- ○ セイヨウトネリコ 44
- ○ セイヨウニワトコ 45
- ○ キングサリ 46
- ○ ヨーロッパナナカマド 47
- ○ ペルシャグルミ 48

🟢 針葉
- ○ レバノンスギ 49
- ○ ヨーロッパカラマツ 50
- ○ セコイアオスギ 51
- ○ セイヨウネズ 52
- ○ ドイツトウヒ 53
- ○ ヨーロッパアカマツ 54
- ○ ヨーロッパイチイ 55

用語解説 56

それぞれの木を見つけたら、○のところにチェックを入れましょう。

木と季節

季節の訪れとともに、自然界ではさまざまな現象が起こり、木々も変化していきます。木に目を向けてみれば、秋には葉が色づき、夏には花がさきます。インターネットなどにアクセスして、1年の間に起こる楽しい現象をチェックしてみてください。（参考：naturedetectives.org.uk）

春

冬の間、葉を落としていた木は、春になるとよみがえります。2月末から3月のはじめにかけて、葉が芽吹き始めます。鳥は、食べるものがわずかしか見つからないため、木の上や周囲に種子や昆虫が残っていないか探します。4月には葉が開き、花がさきます。そして、5月には、ナラやセイヨウトチノキやイケガキセイヨウサンザシが満開になります。

夏

6月までに、多くの花木が満開になります。オウシュウアカタテハやクジャクチョウなどのチョウが、生け垣や森林にある花にやってくるのを見ることができます。セイヨウニワトコの花がさき、強くてあまい香りをただよわせます。ナラなどのオークは、二次林が発芽し、枝の先端に新しい茎と葉をつけます。

秋

木は冬に備えて変化します。葉は茶色、オレンジ色、そして赤い色に変わり、じつにみごとなよそおいになります。また、熟した果実に動物や鳥が集まってきます。ナラの葉が落ちたら、木に「没食子」（オークの葉や茎にできる虫こぶ）がないか探しましょう。これは、芽か葉か根がふくらんだ部分です。それらがふくれているのは、木のなかに昆虫が卵を産んだからです。

冬

冬には、落葉樹が葉を落とします。それでも、リスや鳥は、落ちた果実を探したり巣にもどったりするために、木にやってきます。ハリネズミなどの小型の哺乳類は、多くの場合、木の根もとのまわりに積もった葉のなかで冬眠します。冬の終わりに、セイヨウハシバミのおばなの房は、雲のような黄色い花粉を放出します。花粉を放つことで小さな赤いめばなと受精をするのです。

木のつくり

木には、1本の高くて太い木質の幹があります。幹は太さが10cm以上あり、そのため、木は立つことができます。ほとんどの木は、高さが4m以上に達し、葉が茂っている独特の樹冠があります。低木は、木と同様に木本植物（茎が木質になる植物）ですが、それほどの高さにならず、複数の茎がついています。

花は、果実を実らせるための第1段階です。受粉しなければ、果実になることができません。

葉は二酸化炭素を吸収し、太陽の光を取りこみ、酸素を放出します。このプロセスを光合成といい、植物の食糧にあたる糖類をつくりだします。

果実には種子が含まれています。種子は、果実が乾燥したときや、くさったとき、または動物が果実を開いたときに放出されます。

こまかな毛が根の外側にそって伸びていきます。植物は根を通して土壌から水やミネラルを吸収しています。

木部と呼ばれる、小さな管が集まる部分では、根を周囲に張りめぐらせて水を吸いあげます。師部と呼ばれる別の部分では、でんぷんなどの栄養分が運ばれます。

葉の形

葉の形や大きさはいろいろありますが、2つの主要なタイプがあります。針葉と広葉の2つです。葉を探す手がかりとなる特徴は、全体の形状だけではありません。1つの葉柄に何枚小葉がついているか、小葉が対になっているかいないか、ふちが「ギザギザしている」かどうかという特徴もあります。

この本では、以下の5つの葉の形状で、5つのパートに分けています。

だ円形の葉

細長い葉

複葉

手のひらの形をした葉

針葉

セイヨウヤマハンノキ （ALNUS GLUTINOSA）

セイヨウヤマハンノキの木材は、とてもおもしろい性質があります。水中に沈めると、石のようにかたくなるのです。イタリアのベネツィアという都市の大半の建物は、この木でできたくいの上に建てられています。くいを砂州に沈めて、その上に住宅などの建物が建設されました。水を好むこの木には、翼の形をした小さな種子（翼果）ができ、それが小川や大きな川によって運ばれ、さらに下流で成長します。この花の緑色の染料は、伝説上の人物ロビン・フッドの服を染めるために使用されたといわれています。

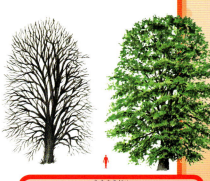

落葉樹

樹木データ

高さ	18〜25m
生育地	広範囲の地域の森林や生け垣、多くは水辺
開花	2月、3月
果実の時期	10〜12月
紅葉と落葉	11月

丸みをおびていて、ふちがギザギザしている

小さいめばなの房は、球果（果実）になる

おばなの房（花）は最長5cm

短い茎の横から芽が出ている

つやがあり、こい緑色をしている

熟した球果は木質で、開くと種子を放出する

ヨーロッパヤマナラシ (POPULUS TREMULA)

そよ風が吹いただけでも、葉がふるえてひらひらとゆれ動きます。そのため、この木は「ふるえる」という意味をもつ「tremula」というラテン名と、「ふるえているヤマナラシ」という意味の英語の一般名がつけられています。秋には、乾燥した状態の葉が、やさしく風が吹くだけでさらさらという音をたてます。薬草医は、かつてその花を使用して不安や悪夢で苦しむ人々を治療していました。また、中世の時代には、この木材で、ナラ材を手にいれることができない貧しい人々の家をつくっていました。

落葉樹

樹木データ

高さ	15～25m
生育地	広範囲の地域の丘の斜面や生け垣、多くは水辺
開花	3月
果実の時期	5月
紅葉と落葉	10月

おばなの房とめばなの房（花）は、別々の木に育つ

芽は先端がとがっている

おばなの房は赤むらさき色であり、最長8cm

緑色のめばなの房は果皮（果実）になり、そのなかに毛のついた種子がたくさん含まれている

夏に、銅に近い茶色をした新しい葉をつけ、そののち緑色に変わる

丸みをおびているか、だ円に近い形

小さくて綿毛におおわれている種子は、風で運ばれやすい

ヨーロッパブナ （FAGUS SYLVATICA）

この木は長い間、イギリスの歴史、特に家具の業界で重要な木材とされてきました。特に大きな木は「女王ブナ」と呼ばれており、印象的なその森は、「自然の大聖堂」といわれています。ローマ時代以来、この木材は燃料に使用され、またピンクがかったオレンジ色をしているため、好んで家具に使われました。その堅果はマストと呼ばれ、動物の飼料として使用されていました。

落葉樹

樹木データ

高さ	10〜35m
生育地	イングランド南部と東部、南ウェールズの森林や白亜質の土壌や砂地
開花	4月、5月
果実の時期	9〜11月
紅葉と落葉	11〜4月

めばなは緑色で、短い茎の先端はとげだらけ

おばなは長い茎にたれさがっている

細長い芽

1つまたは2つの堅果が、とげの多い4つの裂片の外皮に入っている

三角形でつやがある茶色の堅果は、マストと呼ばれている

とがった先端

光沢があり、こい緑色

クロヤマナラシ（POPULUS NIGRA）

かつては川岸沿いでよく見られましたが、今では自生するものは非常にめずらしく、アイルランドの一部とイングランド南部でしか見つけられません。イギリスに存在する雌木はわずか数百本しかなく、また雄木の近くで成長するのは、それらのごく一部しかありません。つまり、種子がつくられることがめったにないのです。そのため、新しい木を簡単に見つけることができません。メアリー・ローズという難破船で見つかった矢は、クロヤマナラシの木でつくられていました。それらは海のなかで400年間ずっと残っていたのです。

落葉樹

樹木データ

高さ　20〜25m
生育地　イングランド南部とアイルランド、水辺が多い
開花　3月、4月
果実の時期　4月、5月
紅葉と落葉　10月

最長6cm

おばなの房（花）は赤い

緑色のめばなの房は果皮（果実）になる

果皮は、茶色くて綿のような種子を含んでいる

表面はなめらかで、黄褐色

ふちにはこまかいギザギザがある

ひし形から三角形までの形になり得る

スピノサスモモ（PRUNUS SPINOSA）

この落葉樹には変わった特徴があります。春、最初に芽吹くものとして花が含まれていて、なんと葉より先にすがたを見せるのです。その果実はスローの実と呼ばれていて、苦い味がしますが、鳥に好まれています。この木は、長い間魔法の木と考えられてきました。ケルト神話では妖精のすみかであり、この木のつえ（長い棒）は、理想的な魔よけであると考えられていました。

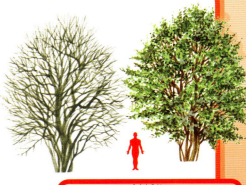

落葉樹

樹木データ

高さ	6～7m
生育地	広範囲の地域の森林や低木地、生け垣
開花	3月、4月
果実の時期	8月、9月
紅葉と落葉	10月、11月

- するどくとがっていて、かたいとげ
- 果実は青みがかった黒い液果で、スローの実という
- 小さくて白く、芳香のする花は、花びらが5枚あり、葉より前にすがたを見せる
- 暗い色で黒に近く、とげがある
- くすんだ緑色をしていて、長さは2～4cm
- ふちにはこまかいギザギザがある

ヨーロッパツゲ （BUXUS SEMPERVIRENS）

成長がおそく、けっして背が高くなることがないため、高木ではなく低木と考えられています。その小さくて光沢のある常緑樹の葉が、密集して成長するので、庭の生け垣で育てるのに申し分のない植物です。この木をかりこんで、形を整え、装飾用の低木の茂みにすることがあります。形を整えた樹木は、よくトピアリーと呼ばれています。ヨーロッパツゲはいやな臭いを放つので、アン女王（1665～1714年）は、この木をハンプトンコート宮殿の庭園から取り除かせました。庭でよく見かけますが、野生のものはまれです。

常緑樹

樹木データ

高さ　6～8m
生育地　イングランド南部の庭や白亜質の土壌
開花　1～5月
果実の時期　8～9月
紅葉と落葉　常緑樹

おばなとめばなは房になって、いっしょに育つ

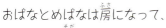

おばなは黄色く、めばなは緑色がかっている

毛がある細い枝に1.5～3cmの長さの葉がつく

小さくてじょうぶで、光沢がある

木質の果皮（果実）は、角のような突起が3つあり、最長8mm

果皮が開くと、数個の黒い種子を放出する

セイヨウクロウメモドキ (RHAMNUS CATHARTICA)

むかし、草木は病気を治療するために使われていました。この木も例外ではありません。熟した黒い液果は、人間にとって軽い毒性がありますが、多くの鳥にとっては食糧源です。薬草療法が一般的だったころ、この木の液果からつくられたお茶は、下痢や嘔吐を引き起こすものなのに、なんと胃の痛みをとるために使われていたのです！　若い木の樹皮はオレンジ色がかった茶色で、樹齢が増すと暗い色になります。

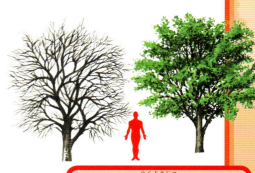

落葉樹

樹木データ

高さ	4〜6m
生育地	広範囲の地域の生け垣や森林
開花	5月、6月
果実の時期	9月、10月
紅葉と落葉	10月、11月

- 花はいくつもの房になる
- 先端にはするどいとげがある
- 小さくて黄色い4枚の花びらがあり、芳香を放つ
- 果実は液果で、それぞれに2〜4つの種子が入っている
- つやのある黒い液果は、最長8mm
- とがった先端
- 表面がなめらかで、色がこく、光沢がある

セイヨウボダイジュ (TILIA X EUROPAEA (VULGARIS))

セイヨウボダイジュは広範囲に植えられていますが、葉と葉柄がみつと呼ばれる粘着性の物質でおおわれるので、簡単にこの木だとわかります。アブラムシと呼ばれている小さな虫が木の樹液（糖分の含まれる液体）を吸って、みつをつくりだします。みつはほこりを付着させ、秋には葉をベトベトにして、きたなくしてしまうので、その木の下に車を止めておくと、車がベトベトになってしまうかもしれません。養蜂家は、よくこの木の近くに巣箱を置き、ミツバチに「はちみつ」をつくらせています。

落葉樹

樹木データ

高さ　20〜40m
生育地　広範囲の地域の森林や公園や庭、街路
開花　7月
果実の時期　9月
紅葉と落葉　10〜11月

赤い芽

花は小さくて芳香を放ち、黄色い5枚の花びらがついている。複数の花をつけて長い茎にたれさがる

先端がとがっていて、長さは5〜10cm

包葉という小葉によって、果実は風で運ばれる

小さくてかたく、丸い果実

葉の裏側を見て、もし葉脈の基部に赤い毛の小さなかたまりがあったら、フユボダイジュの可能性がある

ハートに形が少し似ていて、裏側には毛が密生している

クラブアップル （MALUS SYLVESTRIS）

この木は、何百年もの間、栽培（特別に手をかけて育てること）されてきましたが、野生のものは、とげがあるため、それらと見分けることができます。この木には小さいリンゴがなります。すっぱくてそのまま食べてもおいしくありませんが、ゼリーやジャムにして味をよくして食べることがよくあります。この木は、かたく重くてじょうぶなため、工具のような使いこみに耐える物に最適です。この木を焼くと、心地よい香りがします。

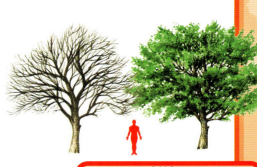

落葉樹

樹木データ

高さ	7〜9m
生育地	スコットランドを除く広範囲の地域の森林や生け垣
開花	4月、5月
果実の時期	9月、10月
紅葉と落葉	10月、11月

花びらは白く、ピンク色をおびている

花は直径が長いもので4cmあり、密生する

ふちがギザギザしていて、先端がとがっている

若い果実は黄緑色で、熟すとバラ色と緑色になる

小さなリンゴは直径が最長4cmになる

長い葉柄

赤茶色で小さい芽がある（野生の木にはとげもある）

セイヨウミズキ (CORNUS SANGUINEA)

　この低木の茎は赤い色をしています。そのため、暗い冬の日、明るくする色がわずかしかないとき、その茎は特に目立ちます。この木は英語名を「ドッグウッド」（dogwood）といいますが、犬とは何の関係もありません。その木材はかたく、かつて「dag」と呼ばれる肉用の串の材料に使われていました。そのため、「dagswood」という古い名称が名前の由来になっています。葉をやさしく引っ張って裂いてみると、セイヨウミズキの葉かどうかわかります。葉脈が切れたところにねばねばした乳液があります。

落葉樹

樹木データ

高さ　2〜5m
生育地　広範囲にわたる地域の森林や低木地、生け垣
開花　5月、6月
果実の時期　9〜11月
紅葉と落葉　10月、11月

小さくて白い、不快なにおいを発する花が密生している

花びらは4枚で、直径が最長1cm

赤みをおびた色

果実は黒く、豆つぶ大の液果

液果は味が苦く、食べてもおいしくない

ふちにはギザギザがなく、深い葉脈があり、先端がとがっている

葉は秋にこい赤色になる

ヨーロッパニレ （ULMUS PROCERA）

かつてはイギリスでよく見られましたが、1970年代にニレ立枯病が発症して2500万本が枯れ、以前ほど一般的ではなくなりました。ローマ人によって2000年前にイギリスに持ちこまれたと考えられており、またある科学研究では、すべてのヨーロッパニレがまさに1本の木の子孫であることが示されています。ですから、多くのヨーロッパニレが同じくらい病気にかかりやすかったのです。今日、この木は生け垣で成長しているものがよく見かけられます。

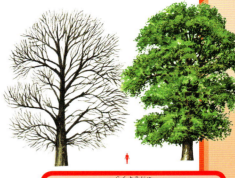

落葉樹

樹木データ

高さ　　　16～30m
生育地　　広範囲の地域の森林や生け垣
開花　　　2月、3月
果実の時期　4～6月
紅葉と落葉　10月、11月

むらさき色の花が小さな房をいくつもなしている

花は葉より先にすがたを見せる

果実が短い茎についている

ふちがギザギザしている

翼のような形の、厚みがない果実には、種子が1つ含まれている

太くて赤みをおびた色

セイヨウハルニレと同様、左右の長さが異なっている

バッコヤナギ （SALIX CAPREA）

春になると、おばなの房はやわらかくて灰色になり、それがまるでねこの足のようであることから、「ヤマネコヤナギ」とも呼ばれています。バッコヤナギは森林や生け垣で大切にされる樹木です。なぜなら、多くの種類のチョウやガとかかわりがあるからです。葉を常食する幼虫や、樹皮の下に住む幼虫がいるのです。英語では、おばなの房ができてそれが黄色に変わると、「ゴスリン（gosling）」と呼ばれます。ゴスリンは「ガチョウのヒナ」という意味のことばです。赤ちゃんのガチョウと同じ色であることからこのように呼ばれています。

落葉樹

樹木データ

高さ　4～10m
生育地　広範囲の地域の森林や生け垣
開花　3月、4月
果実の時期　5月
紅葉と落葉　10月、11月

- 最初は灰色だが、黄色になる
- おばなの房（花）は最長10cmで、さわった感じは絹に似ている
- おばなの房とめばなの房は異なる木にできる
- 芽は緑色で、赤みをおびている

- めばなの房（花）は緑色で、おばなの房よりも長い
- まっすぐな果皮（果実）には、絹のような毛のある種子がたくさん入っている
- 長い、だ円形
- くすんだ緑色で、上側の面はこまかな毛でおおわれている

セイヨウハシバミ （CORYLUS AVELLANA）

この木の尾状花序が黄色に変わったら、それは春がくるサインです。また、リスがこの木の堅果（ヘーゼルナッツ）を集め始めたら、冬がすぐにやってきます。多くの種類の野生動物にとって、この木は食糧源であるだけでなく、すみかや逃げ場を提供してくれます。1本の幹から茎が出るのではなく、むしろ地面からたくさんの茎が密集して生えることがよくあります。

落葉樹

果実は、表面に毛がなく、丸くて木質の堅果

堅果がゴツゴツしている殻のなかにあり、殻には葉がついていて、緑色か茶色をしている

樹木データ

高さ	12〜15m
生育地	広範囲の地域の森林や低木地、生け垣
開花	2月
果実の時期	8月、9月
紅葉と落葉	11月

ふちがギザギザしていて、ほんのり毛でおおわれている

かたい毛と小さな卵形の芽がある

めばなは芽に似ており、小さくて赤い房になる

たれさがっている長いおばなの房（花）は、「子羊のしっぽ（lambs' tails）」と呼ばれている

短い葉柄

セイヨウシデ (CARPINUS BETULUS)

彫像のようなセイヨウシデは、うすい銀色がかった灰色の樹皮をもった印象的な落葉樹で、春になると、黄緑色の尾状花序をつけます。よく萌芽更新（茎を地面まで刈りこみ、多くの細長い新芽を成長させる）か頭木更新（最上部の枝を切る）をおこなって、通常、生け垣に植えられます。白い木材は非常にきめがこまかく、そのため特に良質のたきぎや木炭に適しています。ローマ人は、この木の強さを利用して戦車をつくっていました。

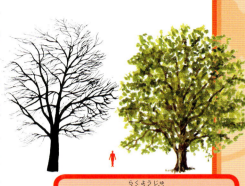

落葉樹

樹木データ

高さ	10～20m
生育地	イングランドの南部と東部にある森林や生け垣
開花	3月
果実の時期	9月
紅葉と落葉	11～4月

おばなの房（花）は黄緑色で、赤い斑点がある

緑色のめばなの房は果実になる

果実はがんじょうな堅果で、3つの裂片の小葉、つまり包葉がついている

細長い芽

とがった先端

ふちには2種類のギザギザがある

クロミグワ（MORUS NIGRA）

この黒い木は、東南アジアに長い間定着しており、そこで何千年もの間栽培されてきました。ヨーロッパには、ローマ人が持ちこみました。ローマ人は、この木を知恵の女神ミネルバに捧げていたのでした。クロミグワはこれまで広い地域に植えられてきて、今では色素を含むそのおいしい果実をとるために、風雨などから守られた庭で育てられています。また、「Here we go round the mulberry bush（クロミグワの木の周りをまわろう）」という童謡では、この木をたたえています。

落葉樹

樹木データ

高さ　8〜10m
生育地　イングランド（主に庭）
開花　5月
果実の時期　7月
紅葉と落葉　10月、11月

緑色のめばなは長さ1〜2cm

おばなは黄緑色で、めばなよりも長い

果実は熟すとあまい

ラズベリーのような果実は、熟すとむらさき色をおびた赤色になる

芽は幅広く先端がとがっている

上側の面はざらざらしている

ふちがギザギザしている

セイヨウナシ （PYRUS COMMUNIS）

この木は南西アジアが原産ですが、現在ではヨーロッパ全域で目にすることができます。農家のひとたちが、よりあまくて果汁の多い果実の品種を栽培してきたので、セイヨウナシは最初にヨーロッパにやってきて以来、かなりの変化を遂げています。イギリス（特に南の地域）では庭園や果樹園でこの木を見ることができます。野生のものは別の種類ですが、めったに見られず、その果実は、セイヨウナシの果実よりも小さくて、かたくてざらざらしています。

落葉樹

樹木データ

高さ　9～15m
生育地　イングランド南部の果樹園や森林、庭
開花　3月、4月
果実の時期　9月、10月
紅葉と落葉　11月

- 5枚の純白の花びらがある
- 中心はピンク色がかったむらさき色
- 熟すと黄緑色になるが、ところどころほんのりばら色になる
- 若いとき、赤茶色で毛がある
- 先端がとがっている
- 果実はかたく、最長12cm
- 最長8cmで、ふちにはギザギザがなかったり、こまかいギザギザがあったりする

セイヨウスモモ （PRUNUS DOMESTICA）

セイヨウスモモは、果樹園や庭でごく普通に見ることができます。おそらくスピノサスモモとベニバスモモの雑種（混ざった種）として生み出されました。今日、世界で2番目によく栽培されている果実です。紀元前479年に中国の哲学者孔子の書物のなかで、はじめて登場し、中国文化では人気のある食べ物としてあげられています。樹齢4年または5年になってようやく木は果実をつけます。

落葉樹

樹木データ

高さ	8～10m
生育地	主にイングランドの果樹園や庭
開花	4月、5月
果実の時期	7～9月
紅葉と落葉	10月、11月

花が密生している

なめらかで茶色い

花は全体的に白く、ところどころ緑色をおびている

ふちにこまかいギザギザがある

なめらかな皮

むらさき色の果実は大きくて丸く、果汁が多い

上側の面はつるつるしていて、下側の面には短い毛がある

シダレカンバ（BETULA PENDULA）

その銀色の樹皮とひらひらとゆれる葉から、「森の女王」と呼ばれることがあります。この木は、約1万年前、氷河期の終わりにイギリスで成長し始めた初期の樹木の1つで、先駆種として知られています。先駆種とは、新たな地域で最初に成長する植物をさします。毎年最多で100万個という、とてもたくさんの種子を実らせます。冬でも、銀灰色の樹皮を見たら、容易にこの木だとわかります。

落葉樹

樹木データ

高さ	18～25m
生育地	広範囲の地域の森林や低木地
開花	4～5月
果実の時期	6月
紅葉と落葉	11月

小さな隆起（こぶ）があり、茶色い

翼の形をした種子は1～2mmの長さで、果実から放出される

細くて緑色をしためばなの房（花）が、果皮（果実）になる

おばなの房は、黄色で、細長くたれさがっている

ふちには2種類のギザギザがついている

ランタナガマズミ (VIBURNUM LANTANA)

ランタナガマズミは、生け垣や低木地、または白亜質（石灰岩で構成されていること）の土壌で育ちます。かつてイングランド南部の歩道沿いにごく普通にあり、今では、庭でごく普通に見られるようになってきています。装飾用の葉や大きな頭花、そして色あざやかな果実を手に入れるために、庭で育てられているのです。目を見張るような外見ですが、果実にはわずかに毒性があり、食べてはいけません。若々しいしなやかな茎を使って、ひもをつくることができます。

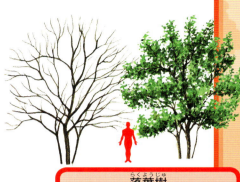

落葉樹

樹木データ

高さ	最長6m
生育地	イングランド南部、南ウェールズの生け垣や低木地、白亜質の土壌
開花	5月
果実の時期	8月、9月
紅葉と落葉	10月、11月

花びらが5枚ある

白い花々がびっしりと密生している

裏面には毛がある

ざらざらした上側の面には、深い葉脈がある

灰色がかった茶色で、毛がある

果実は卵形の液果で、熟すと黒くなる

液果は最長8mm

ホワイトビーム (SORBUS ARIA)

この木は、春にはじめて葉をつけるとき、白い色に見えます。このことから、「ホワイトビーム（whitebeam）」という名前がつけられました（「ビーム」はサクソン語で木という意味）。白い毛が若葉のまわりをほんのりとおおうことによって、白くなっているのです。葉が成長して下向きにたれさがると、上側の毛はすぐに消えますが、裏側は白いままです。ホワイトビームの木材はかなりすりへりにくく、小さな赤い果実からはジャムやワインがつくれます。

落葉樹

樹木データ

高さ　8〜15m
生育地　イングランド南部の森林や白亜質の土壌
開花　5月、6月
果実の時期　9月
紅葉と落葉　10月、11月

- 緑色の芽
- 白い花がまばらに育つ
- 裏側に白い毛がある
- 1つの液果に2つの種子が含まれている
- 果実は卵形の液果で、熟すと赤くなる
- 最長8cm

セイヨウミザクラ（PRUNUS AVIUM）

枝に白い花もしくは光沢のある果実の房がたくさんなっているとき、多くの鳥たちがこの木に寄ってきます。伝承によれば、この木はカッコウと特別な関係があります。カッコウがさえずりをやめるには、この木の果実を3回、十分に食べることが必要だと伝えられています。この木の木材はきめがこまかく、赤の色合いが美しいので、飾りだなをつくるのによく使われています。

落葉樹

樹木データ

高さ　18〜25m
生育地　広範囲の地域の公園や森林
開花　4月、5月
果実の時期　7月、8月
紅葉と落葉　10月、11月

白くて5枚の花びらのついた花が、多くて6個密生する

液果のような果実は熟すと、赤い色になる

茶色がかった赤い芽

長くてとがった先端

最長15cmで、ふちがギザギザしている

ヨウシュイボタノキ （LIGUSTRUM VULGARE）

何世紀もの間、庭師たちは、この木をはじめとした野生の高木や低木を手に入れて、観賞用の植物として育ててきました。この木は半常緑樹といわれている数少ない樹木の1つです。気候に応じて、冬に葉がなくなったり、なくならなかったりします。ヨウシュイボタノキは、一般的に庭で育ち、きちんと刈りこまれて生け垣になっていますが、野生のものは、長い枝が上向きに育ち外見がかなり違います。花や果実は毒性がありますが、かつて目や口の病気を治療するために使われていました。

半常緑樹

樹木データ

- 高さ　3～5m
- 生育地　イングランドの南部と中央、ウェールズの庭、街路、公園
- 開花　5月、6月
- 果実の時期　9月、10月
- 紅葉と落葉　半常緑樹

- 花は円すい形の房をなす
- クリーム色をした、あまい香りを放つ花は、昆虫をひきつける
- 小さくてつやがある
- 花は果実になる
- つやつやしている黒い液果
- 若い枝は短い毛におおわれている

セイヨウハルニレ (ULMUS GLABRA)

この木は英語で「ウィッチ・エルム（Wych Elm）」と呼ばれています。中期英語（むかし話されていた英語）で、「ウィッチ」という単語は曲げやすいという意味でした。セイヨウハルニレの木が特に曲げやすいのではなく、若い茎が曲げやすく、それを曲げたりねじったりしてバスケットなどの品物をつくることができます。この木は、ニレ立枯病という、キクイムシが保有する菌が原因の病気におかされました。この木の葉は、自生するすべての木のなかで最も大きく、なんと最長18cmの長さになることがあります！

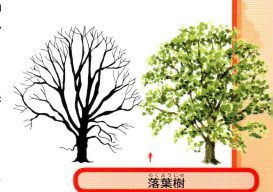

落葉樹

樹木データ

高さ　16～30m
生育地　広範囲の地域の生け垣や森林
開花　2月、3月
果実の時期　5月、6月
紅葉と落葉　10月、11月

平らで翼の形をした果実は長さが2cmで、それぞれに1つずつ種子が入っている

むらさき色がかった花が密生する

若いときは、かたい毛におおわれている

ヨーロッパニレと同じように、基部が左右均一ではない

葉脈が12～18個の対になっていて、ヨーロッパニレよりも対の数が多い

セイヨウヒイラギ （ILEX AQUIFOLIUM）

赤い液果の房と、先端のとがった葉が密生するこの木は、神話やミステリーでおなじみで、多くの迷信のテーマにされています。切ると不運をもたらすと考えられていましたが、真冬に家に持ちこむ習慣は数千年前にさかのぼります。吊るしておくと悪霊を追い払うと考えられ、また、常緑樹であることから、この木は豊かさを象徴し、魔女やゴブリン（小おに）用の魔よけとして効きめがあると考えられていました。

常緑樹

樹木データ

高さ	8～15m
生育地	広範囲の地域の森林や生け垣、低木地
開花	4月、5月
果実の時期	7月
紅葉と落葉	常緑樹

白いめばなが、雌木の葉の基部あたりで育つ

めばなは、つやつやした赤い液果になる

白くて芳香を放つおばなが個々の木にびっしりと密生する

花びらは4枚

こい色で光沢がある

鋭くとがったふち

タイサンボク（MAGNOLIA GRANDIFLORA）

タイサンボクは、香り豊かな巨大な花と赤い種子の房をつけることで印象に残る木です。もともとアメリカにあった木で、ミシシッピ州とルイジアナ州の州花です。通常、甲虫によって受粉がおこなわれます。花びらは非常にかたいため、その上をはっていく昆虫による被害が最小限ですんでいます。英文名のマグノリア（magnolia）は、ピエール・マグノール（1638～1715年）というフランスの植物学者の名前にちなんでつけられており、じつに多くの品種が栽培されてきました。

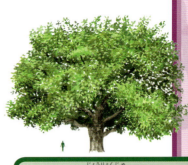

常緑樹

樹木データ

高さ	12～25m
生育地	広範囲の地域の庭や公園、植物園
開花	6～8月
果実の時期	9～12月
紅葉と落葉	常緑樹

ふわふわした果皮（果実）は最長6cmで、緑色からオレンジ色がかったピンク色になる

果皮は開くと赤い種子を放出する

厚くて光沢があり、ふちにはギザギザがない

6～12枚の花びら

大きくて白く、芳香のする花は、直径の最長が25cm

最長16cm

ヨーロッパナラ (QUERCUS ROBUR)

ヨーロッパナラは「森の王」といわれており、歴史に富み、多くの神話や伝説で大事な役目を果たしています。また、何百種もの植物や動物にとって特別な居場所です。この木は昆虫をさそい、その昆虫にさそわれて鳥がやってきます。さらに、ドングリはリスなどの小型の哺乳類の食べ物となります。1本の木は何百年も生きられるのです。

落葉樹

樹木データ

高さ　15〜25m
生育地　広範囲にわたる古くからの森林地帯
開花　5月
果実の時期　10月
紅葉と落葉　11月

最長3cm

ドングリ（果実）は、長い柄の端にある殻斗のなかにあり、柄のないフユナラのドングリと異なっている

先端に芽が集まっている

おばなの房（花）は黄緑色

葉柄がほとんどない

両側とも角のない裂片が3〜6つある

スナジグミ （HIPPOPHAE RHAMNOIDES）

この小さな落葉低木は、地面がむき出しで、強い風が吹く海岸線で育ちます。こうした塩分を含んだ環境にたえられる木は、他にあまりありません。スナジグミは、液果があざやかなオレンジ色で、根が地中深くまで広がっているというめずらしい特性をもっていることから、栽培されるようになって徐々に一般的になってきています。液果は、ビタミンCが豊富で、スキンケア用品に使用されています。また、根はさらさらとした土壌を固め、土に窒素を加えます。窒素は、土壌を肥やすために重要なものです。

落葉樹

樹木データ

高さ　1〜3m
生育地　広範囲にわたる地域の沿岸地域や砂丘
開花　3月、4月
果実の時期　9月
紅葉と落葉　11月

おばなは、直径が最長4mmで、めばなと別々の木に成長する

緑色のおばなは、葉のような花びらがある

果実はあざやかなオレンジ色の液果で、雌木に育つ

最長8mm

たて幅は最長6cmで、横幅が最長1cm

銀色がかった緑色で、細長い

とげがあり、銀色のりん片になる

フユナラ（QUERCUS PETRAEA）

ナラは北半球だけで何百種類も存在します。しかし、イギリスには、このフユナラを含め、自生するナラがほんの2種類しかありません。フユナラはヨーロッパナラよりも石の多い高地で見つけやすいのですが、外見は似ています。古期英語の時代、ナラは「aik」、その種子は「aikcom」と呼ばれていました。このことから、今日、英語でドングリは「acorn」と呼ばれています。1本の成熟したナラの木から、1年で50,000個ものドングリがとれます。

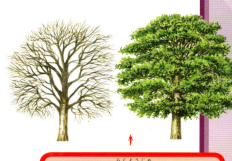

落葉樹

樹木データ

高さ	15～30m
生育地	広範囲にわたる地域の丘の斜面や森林
開花	4月、5月
果実の時期	10月、11月
紅葉と落葉	11月、12月

オレンジ色がかった茶色い芽

おばなの房は黄色で、たれさがっている

裏側の面のほうが色がうすく、葉脈に毛がある

かたい殻のドングリ（果実）が集まっている

ドングリに柄がなく、長い柄があるヨーロッパナラのドングリとは異なっている

葉柄は1～2cmで、ヨーロッパナラよりずっと長い

セイヨウマユミ （EUONYMUS EUROPAEUS）

セイヨウマユミは高木というよりむしろ低木に見えることが多く、生け垣や森でよく見かけます。かつては、この木の木材を使って紡錘（糸を巻くための回転する丸い木の棒）をつくっていました。このことから、英語では、紡錘をあらわす「スピンドル（spindle）」という単語が一般名となりました。有毒な液果にはオレンジ色の種子が含まれていて、それをゆでると黄色の染料がつくれます。また、果実は、家畜の皮膚障害を治す伝統的な治療に用いられてきました。

落葉樹

樹木データ

高さ	最長 5m
生育地	イングランドとウェールズの生け垣や森林
開花	5月、6月
果実の時期	9月、10月
紅葉と落葉	10月、11月

- 花がまばらについて生育する
- 4枚の緑色がかった白い花びらがある
- 細長くだ円形をしていて、ふちにはこまかいギザギザがある
- 新芽のついた緑色の部分が、さまざまな角度でもぎとれる
- それぞれの果皮（果実）は4つの部分に分かれている
- 赤い果皮が開くと、4つの小さくてオレンジ色の種子を放出する
- 葉は秋になるとオレンジ色や赤になる

ヨーロッパグリ (CASTANEA SATIVA)

この木には、食用の大きな堅果がなります。その堅果は焼いて、冬におこなわれるフェアなどのイベントのときに路上でよく販売されています。古くから冬のお祭りと関わりがあり、かつてはこの木から魔法の力が生み出されるといわれていました。ヨーロッパの温暖な地域が原産で、イギリスにはローマ兵によってはじめて持ちこまれました。ローマ兵は、食糧のなかで、この堅果を重要なものとみなしていたのです。この木はつねにイギリスで成熟するわけではないのです。

落葉樹

樹木データ

- 高さ　20～30m
- 生育地　広範囲にわたる地域の森林や公園、水はけの良い土壌
- 開花　6月、7月
- 果実の時期　10月、11月
- 紅葉と落葉　10～12月

- 長いおばなの房（花）は、葉と同じ長さになることがある
- 緑色のとげだらけのめばなは、尾状花序の基部に育つ
- ふちには鋭いギザギザがある
- 長さは10～25cm
- 枝にそって、小さくて白い点、つまりこぶがある
- 外皮が開くと、光沢がある茶色い堅果が1～3個現れる
- とげだらけの緑色の外皮

ヨーロッパシロヤナギ（SALIX ALBA）

ヨーロッパシロヤナギは湿った土壌でよく育つので、小川や池のそばで見つかる可能性が特に高い木です。多くの場合、セイヨウヤマハンノキの木の近くにあります。動物、特に馬が、この木の葉とやわらかい新芽を楽しそうにつついています。この木材はうす茶色で、簡単にそしてすぐに燃えます。この木を4～5年ごとに頭木更新することで、まっすぐな柱になる木材を得ることができます。それは、フェンスをつくるために用いられています。

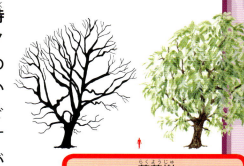

落葉樹

樹木データ

高さ　20～25m
生育地　広範囲にわたる地域に分布し、多くは水辺
開花　4月、5月
果実の時期　6～8月
紅葉と落葉　10月、11月

めばなの房（花）は緑色で、おばなの房とは別々の木になる

めばなの房は果皮になり、毛のあるたくさんの種子が含まれる

灰色からうす茶色

細い毛がついていて、黄金色

ふちにはこまかいギザギザがある

おばなの房は黄色い

細長い

コブカエデ（ACER CAMPESTRE）

多くの小さな生き物や、地衣類や蘚類などの植物にとって、コブカエデは理想的な生息場所です。この木はよく生け垣に使われています。秋に、赤や黄色になる葉を見ると、この木だとわかります。古代の神話によれば、この木の枝の下を通りぬけた子どもはきっと長生きができるといわれているようです。また、一部の地域では、この木はコウモリから家を守ってくれると考えられていました。

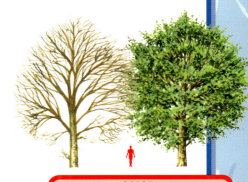

落葉樹

樹木データ

高さ　8～14m
生育地　広範囲にわたる地域の森林や生け垣
開花　4月
果実の時期　6月、7月
紅葉と落葉　11月

白っぽい緑色の花には5枚の花びらがある

翼はまっすぐで、セイヨウカジカエデのように曲がってはいない

対になった、翼の形をした果実は、まるでヘリコプターの羽根のよう

やわらかい毛におおわれ、茶色い

4～7cmの長さで、セイヨウカジカエデより小さい

3～5枚の丸みをおびた裂片がある

セイヨウカンボク（VIBURNUM OPULUS）

英語で「ゲルダー・ローズ（guelder rose）」と呼ばれていますが、バラではありません。むしろ、セイヨウニワトコ（elder）と密接な関わりがあります。このめずらしい名前は、オランダのヘルダーラント州（Guelderland）からつけられました。この場所で、装飾用の園芸植物として栽培されていたのです。セイヨウカンボクの液果は、ウソなどの鳥を含む小動物に好まれていますが、人間には有毒です。この液果を使用して、赤インクを製造することができます。

落葉樹

樹木データ

高さ　最長4m
生育地　広範囲にわたる地域の森林や低木地、生け垣、湿った土壌
開花　6月、7月
果実の時期　9月
紅葉と落葉　10月、11月

毒のある液果にはそれぞれ1つ種子が入っている

中央の花は赤い液果（果実）になる

芽が互いちがいに対になっている

3つの大きな裂片があり、長さは8cm

小さくて白い花の集まりが、さらに大きな花々に囲まれている

芳香のする花には花びらが5枚ある

秋になると、葉は赤茶色になる

イケガキセイヨウサンザシ（CRATAEGUS MONOGYNA）

イケガキセイヨウサンザシの葉は春になるとすぐに芽を出し、白い花がさくと夏がきます。民間伝承によると、北ウェールズではこの木は死とつながりがあるとされていました。もしかしたら、この花の香りをかいで、くさった肉を連想した人がいたからかもしれません。しかし、液果や葉や花は、過去の多くの医術で利用されてきました。また、長い間メーデーにつながりがあるとされていました。この木が最初のメイポール（花やリボンで飾り立てられた高いポールのことで、メーデーにこのポールの周囲でおどる）をつくるために使用されたのです。

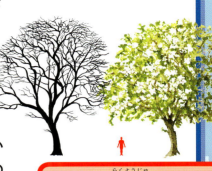

落葉樹

樹木データ

高さ	12～15m
生育地	広範囲にわたる地域の生け垣や低木地
開花	5月、6月
果実の時期	3月、4月
紅葉と落葉	11月

小さくて白く芳香のする花が、葉がつきはじめたあと、密生する

茶色い芽があり、かたい

長いとげは最長1.5cm

こい赤で卵形の果実は、「ハー（haw）」と呼ばれている

こい緑色

深い切れこみのある、3～7つの裂片

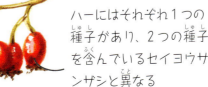

ハーにはそれぞれ1つの種子があり、2つの種子を含んでいるセイヨウサンザシと異なる

セイヨウトチノキ （AESCULUS HIPPOCASTANUM）

セイヨウトチノキは、光沢のある茶色の堅果で最もよく知られています。その堅果はトチの実と呼ばれています。毎年ノーサンプトンシャーには、1965年からおこなわれている世界トチの実選手権で競うために、競技の参加者たちが集まってきます。この木は16世紀にイギリスにやってきました。ひょっとしたら、この木の「ホース・チェスナット（horse chestnut）」という一般名は、馬にトチの実を食べさせて病気を治していたことからつけられたのかもしれません。

落葉樹

樹木データ

高さ　14〜28m
生育地　広範囲にわたる地域の森林や公園、生け垣
開花　5月
果実の時期　9月、10月
紅葉と落葉　10月、11月

- まっすぐな穂状花序の白い花
- 5枚の花びらがあり、小さなピンクの斑点が中心付近にある
- 1つの茶色い堅果、つまりトチの実が、とげだらけの緑色の果皮のなかにある
- 粘着性のある芽
- 小葉がおうぎ状に広がり、しっかりした葉柄についている
- 葉は5〜7枚の小葉で構成され、早春に葉をつける

モミジバスズカケノキ （PLATANUS X HISPANICA）

モミジバスズカケノキは、多くの都市や町でよく目にします。汚染にたえることができるため、広範囲の地域にわたって、都市部の通り沿いに植えられました。17世紀に、アメリカスズカケノキとスズカケノキを交雑してこの新種がつくりだされました。樹皮に不要となった細胞が集まると、年じゅう樹皮ははがれ落ちて、その内側にあるもっとうすい黄色の樹皮が現れます。また、この木の魅力的な木材はすりへりにくく、「レースウッド」と呼ばれています。

落葉樹

樹木データ

高さ	13〜35m
生育地	広範囲にわたる地域の街路や公園、都市、町
開花	5月、6月
果実の時期	9月、10月
紅葉と落葉	10月、11月

おばなは丸くて黄色い

めばなは丸くて赤みがかっている

1つ1つのとげだらけの果実には、たくさんの種子が含まれている

裂片は先端が三角形のよう

最長 25cm

果実のおおいは、冬の間もずっと木にたくさんついている

なめらかでピンク色の芽がついている

セイヨウカジカエデ （ACER PSEUDOPLATANUS）

セイヨウカジカエデには、秋に、翼のある回転する果実が数千個もなります。それは「翼果」と呼ばれている果実です。翼がヘリコプターの羽根のように動くため、空中で翼果が回転し、もとの木からある程度離れたところに落下するようになっています。また、この木は殉教者の木としても知られています。イングランドで1834年に、「トルパドルの殉教者」という労働者団体の人たちが、賃金を上げてもらうための組合を結成しようとして、この木の下に集まったのです。組合員たちは、その罰として国から追放されてしまいました。

落葉樹

樹木データ

高さ	16～35m
生育地	広範囲にわたる地域の森林や生け垣、山
開花	4月、5月
果実の時期	9月
紅葉と落葉	10月、11月

- 緑色の芽が互いちがいに対になって育つ
- 黄緑色の花が穂状花序になってたれさがる
- それぞれの花には花びらが5枚ある
- 最長15cmで、5つの裂片がある
- 1つの翼果に2つの種子がある
- 翼の形をした果実、つまり翼果は最初緑色で、熟すと茶色になる
- 葉柄は赤いことが多い

カエデバアズキナシ (SORBUS TORMINALIS)

カエデバアズキナシは、生えている場所が古くからの森林地帯、つまりおそくとも1600年からずっと存在し続けている森林だということを教えてくれる木です。春になると白い花がこの木をおおい、秋になると葉は赤茶色に変わります。果実は、1700年代まで胃の不調を治すために使用されていました。また、熟しすぎたときに一番おいしく食べられます。さらに、この木には「チェッカー」という通称もあります。樹皮が正方形の形ではがれ、外見がチェック模様になるともいわれているのです。

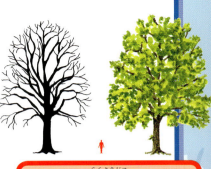

落葉樹

樹木データ

高さ	0〜25m
場所	イングランド南部、ウェールズの古くからの森林地帯
開花	5月、6月
果実の時期	9〜11月
紅葉と落葉	10月、11月

茎には毛がある

小さくて白い花が、茎に密生してたれさがっている

赤茶色をした、液果のような果実

緑色の芽

上側の面には少し光沢がある

最長10cm

43

セイヨウトネリコ （FRAXINUS EXCELSIOR）

風格をそなえたこの木は、ヨーロッパで特に背の高い落葉樹の1つであり、イギリス全土の多くの生育地で簡単に育ちます。北欧の神話では、生命の木とみなされました。また、イギリスの民間伝承では、天候を予測するのに利用されていました。このセイヨウトネリコの芽よりナラの芽が先に開くと夏は乾燥し、逆にこの木の芽が先に開くと、夏はじめじめするというのです。また、かつては黒魔術や妖術から守ってくれる木だと考えられていました。

落葉樹

樹木データ

高さ　15〜30m
生育地　広範囲にわたる地域の森林や生け垣、丘陵の斜面
開花　4月
果実の時期　6月
紅葉と落葉　9月、10月

「アッシュキー（ash key）」と呼ばれる翼の形をした果実が、密集してたれさがっている

一部の翼果は、葉が落ちたあと、冬の間じゅう木についている

3〜6組の対になった小葉と、先端に単一の小葉がある

ふちがギザギザしている

黒い芽

むらさき色の花の房

花は葉より前にすがたを見せる

セイヨウニワトコ （SAMBUCUS NIGRA）

セイヨウニワトコは役に立つイギリスの木であるとされていて、花や液果、そして茎がすべてうまく利用されてきました。英名の「エルダー（elder）」は、古期英語の「aeld」（火の意味）という言葉からつけられました。茎は中身が空どうになっていて、かつて空気を吹きこんで火をおこすために使用されていたのです。デンマークでは、この木は魔法につながりがあるとされていて、木を切りたおす前にその精霊の許しを求めなければなりませんでした。花はコーディアル（砂糖、水などと混ぜて飲むことができる飲料）に、液果はワインにすることができます。

落葉樹

樹木データ

高さ　最長10m
生育地　広範囲にわたる地域の生け垣や低木地
開花　6月、7月
果実の時期　8月、9月
紅葉と落葉　10月、11月

- 赤い茎に、つやのある黒くて小さな液果（果実）がつく
- たわわに実った房が下向きにたれさがっている
- 小さな花には3～5枚ずつ花びらがある
- 青白い色の花は、上品なあまい香りがする
- それぞれの小葉はだ円形
- 中心はやわらかくて白い
- 1本の葉柄に2～4対の小さな小葉があり、先端には対になっていない小葉がある

キングサリ（LABURNUM ANAGYROIDES）

キングサリは、イギリスの庭でよく見かける木です。夏になると、滝状にたれさがる、あざやかな黄色い花をつけるので、この木であることがわかります。もともとヨーロッパの木で、イギリスには16世紀に持ちこまれました。木のすべての部分が有毒で、特に種子に毒があります。心材はこい茶色で、装飾品をつくるために珍重されました。また、熱帯にあるコクタンというこい色をした樹木の木材の代わりによく使われていました。

落葉樹

樹木データ

- 高さ　6〜9m
- 生育地　広範囲にわたる地域の公園や庭
- 開花　5月、6月
- 果実の時期　9月、10月
- 紅葉と落葉　10〜12月

- 1つ1つのたれさがった花の房は、総状花序という
- 多くの黄色い花がびっしりとついている
- 豆果（果実）は、木についた状態で乾燥して開く
- 豆果は、非常に毒性の強い黒い種子を放出する
- 若いとき、灰色がかった緑色で、やわらかい毛がある
- 小葉1枚1枚はだ円形
- それぞれの葉は3枚の小葉で構成されている

ヨーロッパナナカマド （SORBUS AUCUPARIA）

この神秘的なヨーロッパナナカマドの木は、むかしから歴史と神話でおなじみです。英名の「ローワン（rowan）」は、木を表す古いノルウェー語の単語（raun）に由来しています。ドルイド（古代ケルト社会のドルイド教の僧）がこの木材を使ってステッキと魔法のつえをつくっていました。かつて人々は、雷から守ってくれるお守りとして、家にこの木の小枝を置いていました。また、船員は、安全な航海ができるようにと、これを船にのせていました。なまの液果は有毒ですが、一度熱を加えて調理をすれば食べられます。液果は、ハーブを用いる治療法でも使用されてきました。

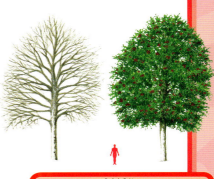

落葉樹

樹木データ

- 高さ　8〜15m
- 生育地　広範囲の地域の山や公園、庭
- 開花　5月
- 果実の時期　10月、11月
- 紅葉と落葉　10月、11月

小さくてクリーム色の花がびっしりと密生する

1つ1つの花は直径1〜2cm

それぞれの葉柄には5〜8対の小葉がある

秋になると、葉は金色がかったオレンジ色や赤茶色になる

果実はオレンジ色がかった赤い液果で、最長1cm

個々の果実は、1つか2つの種子を含んでいる

むらさき色がかった茶色の芽は灰色の毛におおわれている

ペルシャグルミ (JUGLANS REGIA)

ペルシャグルミは堅果だけでなく、木材を手に入れるためにイギリスで育てられてきました。この木材は世界で特別美しいものの1つとされています。おそくともローマ時代からイギリスにあり、1800年代に広い地域で植えられたという証拠があります。ナポレオン戦争のとき、この木材を使って兵士の銃をつくれるようにするために、何千本もの木が切りたおされました。

落葉樹

樹木データ

高さ	10〜30m
生育地	イングランド南部の森林や公園
開花	4〜6月
果実の時期	9月、10月
紅葉と落葉	10月、11月

- めばなは小さくて緑色
- おばなの房（花）は、最長15cm
- 果実は丸くて緑色
- 食用の堅果は、がんじょうな外皮の内側にある
- 内側は空どう
- 表面ががさがさしていて厚い
- 5〜9枚の小葉

レバノンスギ (CEDRUS LIBANI)

レバノンスギは、地中海東部の山林の原産ですが、イギリスの緑地や広い庭園にある一般的な木となっています。古代、レバノンにあったこの木の森の多くは、木材を得るために伐採されました。この木は最初18世紀にヨーロッパに持ちこまれましたが、そのときの経緯が今に伝えられています。あるフランス人が中東を旅しているとき、この木の苗を根ごととって、それを帽子にずっと入れて、パリに帰国するまで育てていたのです。

常緑樹

樹木データ

高さ　8〜35m
生育地　広範囲にわたる地域の公園や大きな庭、教会の庭
開花　6〜9月
果実の時期　8〜10月
紅葉と落葉　常緑樹

大きな球果（果実）は、熟すと茶色になる

最長15cm

灰色がかった緑色から黄色

おばな（花）は、最長8cm

針葉は、最長3cm

房状になっていることが多い

ヨーロッパカラマツ（LARIX DECIDUA）

カラマツは高く、まっすぐに育ち、針葉樹にしてはめずらしいことに、秋に葉がなくなります。この成長の早い木からは良質の木材がつくりだされており、植林地に植えられているのをよく目にします。シベリアでは、かつて男性はカラマツの木から、女性は針葉樹あるいはモミの木から、別々につくりだされたと考えられていました。薬草医は、この木の内側の樹皮からつくったうすいお茶を使用して、胃の不調やぜん息を治療しています。

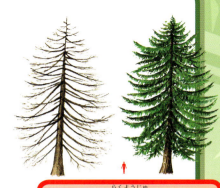

落葉樹

樹木データ

高さ　12～30m
生育地　広範囲にわたる地域の森林や公園、庭、植林地
開花　3月、4月
果実の時期　9月
紅葉と落葉　10月、11月

- 赤茶色の樹皮
- 針葉は密生する
- 若い針葉
- 球果（果実）は開くと種子を放出する
- 最長3cm
- おばなはやわらかくて黄色く、円すい形
- めばなはピンク色がかった赤い色

セコイアオスギ（SEQUOIADENDRON GIGANTEUM）

セコイアオスギは世界の植物のなかでも特に高く育つ木の1つです。また、特に樹齢の長い木としてもあげられ、最長4000年間生き続けられるのです。最も背の高いものの実際の例は、アメリカのシャーマン将軍の木で、1987年に83.8mの高さと測定されました。カリフォルニア州に由来し、1853年、つまりウェリントン公が亡くなった年にイギリスに持ちこまれました。このことから、この木は「ウェリントニア（Wellingtonia）」という名前もつけられました。

常緑樹

小さくて円すいのような形のおばな

黄色くて最長1.5cm

樹木データ

高さ　20〜50m
生育地　広範囲にわたる地域の公園や、歴史的建造物のしき地
開花　5月、6月
果実の時期　1年じゅう
紅葉と落葉　常緑樹

若い球果（果実）は緑色で、熟すと茶色になる

最長8cm

新芽の先端には、小さくて緑色のめばながある

りん片がとがっていて、いくえにも重なっている

うろこのような形の葉

セイヨウネズ （JUNIPERUS COMMUNIS）

セイヨウネズは小さくて成長のおそい常緑樹であり、世界じゅうのさまざまな生育地で見つけることができます。果実は、熟すのに2〜3年かかることがあるので、黒い液果と緑色の液果が同じ木につく場合があります。ただし、これらは実際には液果ではなく、やわらかい球果です。鳥がそれを食べて、ほかの木へ飛んでいくと、種子をばらまいてくれます。民間伝承によると、イングランド南西部の一部では、この木材と針葉を病人の近くで焼いていました。このようにすると、感染症を治せると考えられていたのです。

常緑樹

樹木データ

高さ	5〜10m
生育地	主にイングランド南部の森林や低木地、白亜質の土壌
開花	5月、6月
果実の時期	1年じゅう
紅葉と落葉	常緑樹

液果のような果実は2〜3年かけて熟し、黒い色になる

めばなは、小さくて緑色で、りん片のある円すい形をしている

おばなは、小さくて黄色く、円すい形

最長8mm

新芽は、細くてとがった針葉におおわれている

針葉は3本のかたまりとなっている、つまり輪生体である

ドイツトウヒ (PICEA ABIES)

最後の氷河期よりはるかむかし、ドイツトウヒはイギリスで育っていたと考えられています。この種が再びイギリスに戻ってきたのは、1500年代ごろにヨーロッパ大陸から持ちこまれたときです。この木は、木材として、またクリスマスツリーとして使用するために植林地で育てられています。クリスマスツリーを飾るドイツの伝統は、19世紀にイギリスで流行しました。ヴィクトリア女王がドイツの貴族のアルバート公と結婚したあとのことです。

常緑樹

樹木データ

高さ　18～40m
生育地　広範囲にわたる地域の植林地や公園
開花　5月
果実の時期　9～11月
紅葉と落葉　常緑樹

めばなは赤茶色で、樹齢を重ねるにつれ暗い色になる

熟した球果（果実）は最長17cmで、たくさんの小さな種子をつける

小さなおばな（花）は新芽の先端付近で育つ

赤みをおびたおばなは花粉がつくられると、黄色くなる

ざらざらしていて、りん片状

短くてかたい針葉が、らせんをなすようにつく

ヨーロッパアカマツ (PINUS SYLVESTRIS)

今日、イギリスにはたくさんの針葉樹がありますが、イギリスで自生するマツは、スコットランドの一部で自生しているこのヨーロッパアカマツただ1つです。この成長が早い木は、スペインからシベリアにわたる地域で見つけることができます。背が高く、まっすぐに成長し、木材は非常にすりへりにくいため電柱として用いるのに最適です。また、球果は天候を予測するのに利用されてきました。球果が開いていると、空気が乾燥していて雨が降らないと考えられています。

常緑樹

樹木データ

高さ	12〜36m
生育地	広範囲にわたる地域の森林や植林地
開花	4月
果実の時期	4月
紅葉と落葉	常緑樹

球果（果実）は、はじめ緑色で、熟すのに2年かかる

赤いめばなは、対になって育つ

熟した球果は木質で、最長7cm

細長い針葉は、最長8cm

針葉は対になって育つ

小さくて黄色いおばな（花）は、かたまりとなって育つ

ヨーロッパイチイ （TAXUS BACCATA）

暗い色で神秘的なこの木は、何世紀にもわたり神話や伝説のテーマとされてきました。墓地や教会のしき地内でよく見られる木です。数百年、時には数千年の樹齢があることが知られていて、教会の庭にある木には、樹齢1000年以上のものもあります。古代のころは、埋葬場所にこの木を植えていました。また、この木のほぼすべての部分には、人間や動物にとって非常に強い毒性があります。

常緑樹

赤い色で、液果のような果実。仮種皮（種子の表面をおおっているもの）という

樹木データ

高さ　4〜20m
生育地　広範囲にわたる地域の教会の庭や森林
開花　3月、4月
果実の時期　10月
紅葉と落葉　常緑樹

めばなは小さくて緑色をした円すい形で、1〜2mmの長さ

小さなおばなは、花粉を放出すると黄色くなる

おばなは葉の基部にある

針のような葉

細くて平らで、こい緑色をしている

用語解説

液果 果肉がやわらかくて、液汁の多い果実のこと。

果実 花をつける草木の種子をおおっているもの。かたいものや、やわらかいもの、または肉質のものがあります。

球果 マツカサのように、木化したりん片状の葉が球形に集まってできている果実のこと。

堅果 食べられる種子を含む、かたい殻でおおわれた果実。

原産 ある地域に由来すること。

光合成 緑色の植物が太陽のエネルギーを利用して、二酸化炭素と水を、成長するために必要な糖類に変えるプロセス。

雑種 2つの類似した樹種から生みだされた木のこと。たとえばセイヨウボダイジュがあります。

師部 植物のすべての細胞に糖分を含んだ樹液を運ぶ、植物内部にある小さな管が集まっている部分。

樹皮 樹木の根や幹、枝をおおう、外側のかたい保護層。

小葉 複葉を構成する1枚の葉、または葉のような部分。

常緑樹 1年じゅう葉がついている木。

低木地 多くは低木と草原でおおわれている土地をさします。

頭木更新 木の最上部の枝を切りこみ、木がさらに成長できるように促すこと。

尾状花序 細長くて、多くの場合、たれさがった小さな花の房のこと。ヤナギやナラやカンバなどの木に見られます。

複葉 小葉というさらに小さな葉が数枚集まって構成する葉。

萌芽更新 地面の近くまで木の茎を刈りこみ、たくさんの細長い新芽が成長するようにしておくこと。

包葉 植物の葉のような部分のことで、花の下または花茎にあります。

木部 死んだ細胞が円柱状につながって構成する、植物内部のこまかい葉脈のシステム。水分を根から葉に届けます。

翼果 セイヨウトネリコやセイヨウカジカエデやコブカエデの、翼状の乾燥した果実。多くの場合、房のようなかたまりとなってたれさがります。

落葉樹 毎年秋に葉が落ちる木。

りん片 うろこ状のものの一片。

裂片 1枚の手のひら状の葉を構成する、1つ1つの丸く突き出た部分。

50音順

●著者プロフィール
カミラ・ド・ラ・ベドワイエール
(Camilla de la Bedoyere)

ロンドン在住。ノンフィクションを中心に自然、科学、アートをテーマとした、児童書から大人向きの書籍まで、幅広い執筆活動を続けている。ロンドン動物学会の特別会員であり、動物保護の促進に努める一方、小学校や中学校にて、子どもたちの読み書き能力を向上させる特別教員でもある。『科学しかけえほんシリーズ　からだ探検』（大日本絵画、2015年）、『100の知識シリーズ　深海のなぞ』（文研出版、2011年）、『図説知っておきたい！スポット50シリーズ 昆虫』『同シリーズ チョウとガ』『同シリーズ サメ』『同シリーズ 野の花』『同シリーズ ねこ』『同シリーズ いぬ』（六耀社、2016年）など。

訳出協力　Babel Corporation ／深川 恵
日本語版デザイン　（有）ニコリデザイン／小林健三

図説　知っておきたい！スポット50

樹木

2017年3月30日初版第1刷

著　者　カミラ・ド・ラ・ベドワイエール
発行人　圖師尚幸
発行所　株式会社 六耀社
　　　　東京都江東区新木場2-2-1　〒136-0082
　　　　Tel.03-5569-5491　　Fax.03-5569-5824
印刷・製本　シナノ書籍印刷 株式会社

© 2017
IS3N978-4-89737-879-4
NDC400 56p 27cm
Printed in Japan

本書の無断転載・複写は、著作権法上での例外を除き、禁じられています。
落丁・乱丁本は、送料小社負担にてお取り替えいたします。